Josef Fojcik

Physik

Zeitdehnung Chimäre

ein Irrtum der Relativitätstheorie

16. August 2017

Essen NRW - Auflage 1

Inhaltsverzeichnis

1 **Einladung**   5

2 **Einführung**   7

3 **Grundwissen und Geschichte**   9
    3.1 Was ist Licht   9
    3.2 Kurze historische Entwicklung des Lichtbegriffs . . .   10
        3.2.1 Eine antike Mythologie   10
        3.2.2 Geschichte.   10
    3.3 Doppelte Natur des Lichtes   11
        3.3.1 Welle-Teilchen-Dualismus   11
        3.3.2 Licht als elektromagnetische Welle   12
        3.3.3 Licht als Teilchen - Das Photon   13

4 **Das Verhalten eines Körpers im bewegten System**   15
    4.1 Körper und System bewegen sich parallel.   15
    4.2 Körper und System bewegen sich senkrecht zueinander   16

5 **Schnell bewegte Körper-Lorentz Kontraktion**   19

6 **Das Verhalten des Lichts im bewegten System - offizielle Begründung der Zeitdilatation**   21
    6.1 Wie bewegt sich das Licht? - Aktuell geltender Wissensstand   21
    6.2 Licht und System bewegen sich parallel zueinander .   22
        6.2.1 Bewegung des Lichts in der „liegenden„ Lichtuhr   23

Inhaltsverzeichnis

    6.3 Licht und System bewegen sich senkrecht zueinander.
Herleitung der Zeitdilatation 24
        6.3.1 Bewegung des Lichts in der Lichtuhr. Fachliteraturdarstellung 24
        6.3.2 Bewegung des Lichts in der Lichtuhr-Max-Planck-Institut Darstellung 27
        6.3.3 Wikipedia Darstellung 29

7 Keine und scheinbare Beweise   **31**
    7.1 Die Zeitdilatation 31
    7.2 Die konstante Lichtgeschwingigkeit 32

8 Warum existiert die Zeitdilatation nicht   **35**
    8.1 Das biologische Argument 35
    8.2 Das Konsequenzlosigkeit Argument 36
    8.3 Das physikalische Argument 36
    8.4 Was passiert mit dem Licht in der bewegten Lichtuhr wirklich? 38

9 Zeitdilatation und Längendilatation   **41**

10 Die konstante Zeit und relative Lichtgeschwindigkeit   **43**
    10.1 Die absolute Zeit 43
    10.2 Die relative Lichtgeschwindigkeit 44

1 Einladung

Albert Einstein´s Spezielle Relativitätstheorie gilt heutzutage als eine der größten Errungenschaften des menschlichen Intellekts. Die meisten Menschen glauben, sie sei dermaßen kompliziert und undurchschaubar, dass sich ihre geistigen Früchte nur Spezialisten und studierten Physikern offenbaren würden. Andere wiederum fürchten sich vor vermeintlich höherer Mathematik, welche zur Durchdringung der Relativitätstheorie unbedingt notwendig zu sein, scheint. Alle diese Befürchtungen sind nicht begründet, weil die aller einfachsten Formel der Welt, der Lehrsatz des Pythagoras, wird als Hauptwerkzeug angewendet. Also etliche Hemmungen, Vorbehalte und Befürchtungen sollte man zur Seite schieben um die Theorie mutig, selbständig und kritisch zu studieren.
Übrigens war der große A. Einstein ebenfalls der Meinung:
Jeder intelligente Mensch kann, auch wenn er kein Fachmann ist, tief in die Probleme der modernen Physik eindringen.

2 Einführung

Die Spezielle Relativitätstheorie (SRT) charakterisiert sich durch zwei Hauptbehauptungen:

1. Die Zeit ist nicht mehr konstant, wie man es bisher geglaubt hat, sondern fliest variabel, einmal schneller einmal langsamer je nachdem wo und wie sie gemessen wird. In bewegten Objekten, z.B in einem Raumschiff, geht die Zeit langsamer und das ist **die berühmte Zeitdilatation**.
2. Die Lichtgeschwindigkeit ist in jedem Inertiallsystem[1] konstant.

Diese Behauptungen, wie auch alle anderen, gelten als Wahrheit wenn sie begründet bzw. bewiesen werden.
ad.1.
Die variable Zeit wird mit der s.g Lichtuhr bzw. Michelson-Morley Experiment [4, S. 19] begründet. Hier wird der Satz des Pythagoras im Anspruch genommen.
ad.2
Diese Behauptung wird überhaupt nicht begründet- einfach „ auf Grund der Tatsache„' so wird behauptet [3, S. 5]. Im Übrigen, ich kann in der Literatur nirgendwo finden ob jemand vor Einsteinzeiten die konstante Lichtgeschwindigkeit bezweifelt hat.
Die Kritik dieser Begründungen ist das Thema des Buches, wobei der kritische Schwerpunkt liegt nicht nur an Einstein's Arbeit selbst aber vor allem an den zahlreichen Interpretation seiner Theorie.

---

[1] nicht beschleunigte Syteme

2 Einführung

Dazu noch ein passendes Zitat von A.Einstein:
Seit die Mathematiker über die Relativitätstheorie hergefallen sind, verstehe ich sie selbst nicht mehr.

3 Grundwissen und Geschichte

3.1 Was ist Licht

Wenn über Licht gesprochen wird dann ist die Frage: was ist eigentlich Licht?, unvermeidbar.
Licht ist der für das Auge sichtbare Teil der **elektromagnetischen Strahlung**. Im elektromagnetischen Spektrum umfasst der Bereich des Lichts Wellenlängen von etwa 380 nm bis 780 nm. Dies entspricht Frequenzen von etwa 789 THz bis 384 THz. Eine genaue Grenze lässt sich nicht angeben, da die Empfindlichkeit des Auges an den Wahrnehmungsgrenzen nicht abrupt, sondern allmählich abnimmt. Die an das sichtbare Licht angrenzenden Bereiche der Infrarot- (Wellenlängen zwischen 780 nm und 1 mm) und Ultraviolettstrahlung (Wellenlängen zwischen 10 nm und 380 nm) werden häufig ebenfalls als Licht bezeichnet.

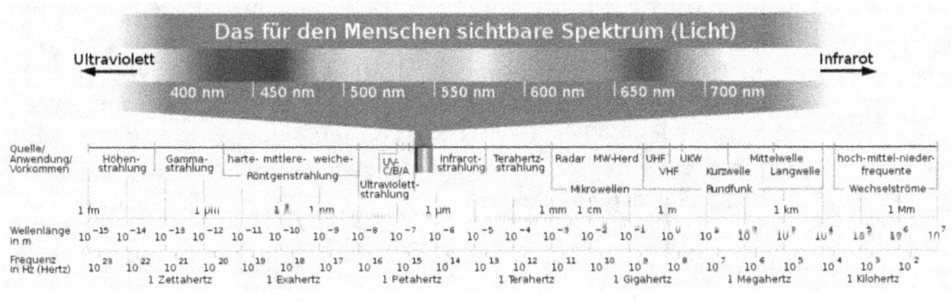

Abbildung 3.1: Das Spektrum elektromagnetischer Strahlung

3 Grundwissen und Geschichte

3.2 Kurze historische Entwicklung des Lichtbegriffs

3.2.1 Eine antike Mythologie

An dieser Stelle kann ich mich nicht enthalten, eine wunderschöne griechische Mythologie, die die Lichtentstehung erklärt hat, zu zitieren.

„Die Göttin Aphrodite entzündete das Feuer des Auges an Feuerherd des Universums, damit es eine Laterne gleich, sein Schein in die Welt sandte und das sehen ermögliche.'"

Die uralte Geschichte beschert uns nicht nur mit einer Dosis von Ästhetik sondern beinhaltet auch ein rationales Wert und zwar, sie zeigt uns wo das Licht sein Ursprung hat – im Universum!

Bestimmt werden viele Skeptiker lächelt fragen „ Wo genau im Universum" jedoch die Antwort ist ganz simpel: genau dort wo der „Urknall" stattgefunden hat!

3.2.2 Geschichte

Die antike Stellungnahme haben wir schon kennengelernt.

Von der Antike bis zum Renaissance hin galt die allgemeine Meinung: Licht wirkt augenblicklich, seine Geschwindigkeit ist unendlich.

Zum Beginn die Renaissance kam die erste Meinung über Wellencharakter des Lichts, wegen Lichtstreuung, ersten Mal zu Vorschein aber nicht lange. Der große I.Newton mit seiner Korpuskulartheorie hat fast allen überzeugt, dass Licht nichts anders als ein Strahl von Teilchen – Korpuskuläre ist.

Dank der Entdeckung des dänischen Astronoms Reomes im 17-ten Jahrhundert haben wir zwei Fundamentale Erkenntnisse gewonnen - Licht wirkt nicht augenblicklich, wie man bisher allgemein genommen hat sondern hat eine begrenzte Geschwindigkeit denen Betrag ungläubig groß ist und beträgt etwa 2600000 km/h.

Die enorme hohe Geschwindigkeit war der Grund warum der holländische

Physiker A.Huygens (ein Zeitgenosse von I.Newton) Licht als Welle betrachtet hat. Dann im Laufe des nächsten Jahrhunderts haben sich die Meinungen mehrmals geändert.
Selbst A.Einstein, einmal war er überzeugt von Wellencharakter des Lichts (Allgemeine Relativitätstheorie) und auf anderer Mal von Teilchen Natur des Lichtes für was er sogar mit dem Nobelpreis gekrönt geworden war (Fotoelektrisches Effekt).

3.3 Doppelte Natur des Lichtes

3.3.1 Welle-Teilchen-Dualismus

Der Welle-Teilchen-Dualismus ist ein Prinzip der Quantenphysik, wonach den Objekten der Quantenphysik gleichermaßen die Eigenschaften von klassischen Wellen wie die von klassischen Teilchen zugeschrieben werden müssen.
Klassische Wellen breiten sich im Raum aus. Sie schwächen oder verstärken sich durch Überlagerung und können gleichzeitig an verschiedenen Stellen mit verschiedener Stärke einwirken.
Ein klassisches Teilchen kann zu einem Zeitpunkt nur an einem bestimmten Ort anwesend sein. Nur dort wirkt es, aber stets mit seiner gesamten Energie, Ladung, Impuls etc. Beide Eigenschaften scheinen sich gegenseitig zu widersprechen. Trotzdem wurde in mehreren Schlüsselexperimenten für verschiedene Quantenobjekte belegt, dass beide Eigenschaften vorliegen.
Es ist daher unmöglich, eine anschauliche, auf klassischen Sichtweisen beruhende Vorstellung zu entwickeln, die dem Welle-Teilchen-Dualismus gerecht wird. Die Frage, ob beispielsweise Elektronen oder Lichtquanten „wirklich" Teilchen oder Wellen im Sinne der üblichen Anschauung seien, ist demnach nicht zu beantworten. Es handelt sich vielmehr um eine eigene Klasse von Quantenobjekten, die je nach der Art der Messung, die man an ihnen durchführt, entweder nur ihre Wellen- oder nur ihre Teilcheneigenschaft in Erscheinung treten lassen, aber nie beide gleichzeitig. Die Quantenmechanik löste

3 Grundwissen und Geschichte

das Problem nach der Kopenhagener Deutung (1927) und dem dort formulierten Komplementaritätsprinzip zunächst dahingehend, dass die jeweils beobachtete Eigenschaft nicht allein dem Quantenobjekt zuzuordnen sei, sondern ein Quantenphänomen der gesamten Anordnung aus Quantenobjekt und Messapparatur darstelle. Später entstanden eine Reihe weiterer Interpretationen der Quantenmechanik mit alternativen Erklärungsansätzen.

3.3.2 Licht als elektromagnetische Welle

In der klassischen Elektrodynamik wird Licht als eine hochfrequente elektromagnetische Welle aufgefasst. Im engeren Sinne ist „Licht" nur der für das menschliche Auge sichtbare Teil des elektromagnetischen Spektrums, also Wellenlängen zwischen ca. 380 und 780 nm. Es ist eine Transversalwelle, wobei die Amplitude durch den Vektor des elektrischen Feldes oder des Magnetfeldes gegeben ist. Die Ausbreitungsrichtung verläuft senkrecht dazu. Die Richtung des $\vec{E}$-Feld-Vektors oder $\vec{B}$-Feld-Vektors wird Polarisationsrichtung genannt. Bei unpolarisiertem Licht setzt sich das Strahlungsfeld aus Wellen aller Polarisationsrichtungen zusammen.

Wie alle elektromagnetischen Wellen breitet sich auch sichtbares Licht im Vakuum mit der Lichtgeschwindigkeit von $c = 299\,792\,458\,\frac{m}{s}$ aus. Die Wellengleichung dieser elektromagnetischen Welle kann aus den Maxwell-Gleichungen hergeleitet werden.

3.3 Doppelte Natur des Lichtes

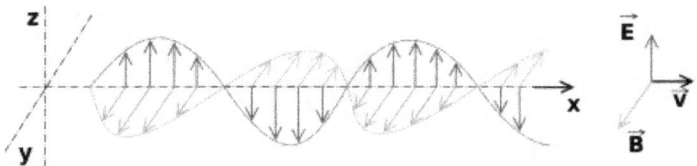

Abbildung 3.2: Elektromagnetische Welle

Elektrisches Feld (E, blau) und magnetisches Feld (B, rot) einer sich im Vakuum nach rechts ausbreitenden in vertikaler Richtung linear polarisierten Welle entlang der Ausbreitungsrichtung für einen bestimmten Zeitpunkt, λ ist die Wellenlänge.
Links die Schwingungsrichtung von Ladungsträgern, die (im Fernfeld) solch eine Feldverteilung hervorrufen. Rechts der Blick entgegen der Ausbreitungsrichtung: $\vec{E}$, $\vec{B}$ und der Wellenvektor $\vec{k}$ stehen senkrecht aufeinander und bilden in dieser Reihenfolge ein Rechtssystem.

3.3.3 Licht als Teilchen - Das Photon

In der Quantenphysik wird Licht nicht mehr als klassische Welle, sondern als Quantenobjekt aufgefasst. Demnach setzt sich das Licht aus einzelnen diskreten Energiequanten, den so genannten Photonen zusammen. Ein Photon ist ein Elementarteilchen, genauer: ein Boson mit einer Ruhemasse von 0, das sich stets mit der Lichtgeschwindigkeit c bewegt.

Es trägt eine Energie von $E = h\nu$ Hierbei ist ν die Frequenz des Lichts und h das Plancksche Wirkungsquantum mit $h = 6{,}626\,069\,57(29) \cdot 10^{-34}$ Js. Das Photon hat einen Impuls von $p = \frac{h}{\lambda}$, wobei λ die Wellenlänge des Lichts ist. Der Spin des Photons hängt mit der Polarisation zusammen: Die Wellenfunktion eines einzelnen Photons ist zirkular polarisiert. Je nach Rotationsrichtung des $\vec{E}$-Feld-Vektors beträgt der Spin des Photons +1 oder −1.

4 Das Verhalten eines Körpers im bewegten System

Um die Bewegungen von Körper[1] und Licht zu vergleichen, beschreiben wir zunächst die Bewegungsregel des Körpers, die allgemein aus der Mechanik bekannt sind.
Wir bestimmen den Wegverlauf eines Körpers in einem bewegten System, aus der Sicht eines stationären Beobachters und der eines mitfahrenden, einen Passagier.

4.1 Körper und System bewegen sich parallel.

Ein Zug fährt ($v_{z.h}$) langsam entlang eines S-Bahnhofs. Auf der Fensterscheibe eines Wagons bewegt sich, zufällig horizontal in die Fahrrichtung des Zuges, eine Spinne ($v_{s.h}$).
Für einen Passagier bewegt sich die Spinne horizontal mit dem Geschwindigkeitsbetrag $v_{s.h}$.
Für einen auf dem Bahnsteig stehenden Beobachters bewegt sich die Spinne ebenfalls horizontal, aber der Geschwindigkeitsbetrag ist viel größer und beträgt:

$$v_{re.s.h} - v_{s.h} \mid v_{z.h}$$

Es ist ganz klar: Der Zug trägt die Spinne auf der Reise weiter.
Ein weiteres Beispiel soll nun beschrieben werden. Das Verhalten

---

[1] Ein Körper ist das, was Masse hat und Raum einnimmt. Körper bestehen aus Materie. Ein Körper kann in einem der Aggregatzustände vorliegen: fest, flüssig oder gasförmig.

4 Das Verhalten eines Körpers im bewegten System

einer Gewehrkugel, die von einem Raumschiff aus, geschossen wird. Auch in diesem Fall entfernt sich das Projektil für einen Astronauten horizontal mit der Abschussgeschwindigkeit $v_{k,h}$. Für den stationären Beobachter, den Erdbewohner, wird die Geschwindigkeit des Raumschiffes zu der Abschussgeschwindigkeit der Kugel addiert und die resultierende Geschwindigkeit der Kugel beträgt:

$$v_{re.k} = v_{ra} + v_k$$

Hier gilt auch das Additionsprinzip. Die Gewehrkugel wird von dem Raumschiff aus mit auf die Reise genommen.

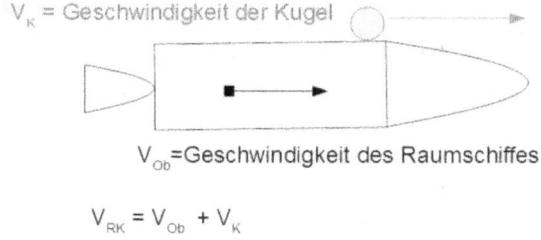

Abbildung 4.1: Die resultierende Kugelgeschwindigkeit

4.2 Körper und System bewegen sich senkrecht zueinander

Betrachten wir wieder den Wegverlauf einer Spinne in einem fahrenden Zug. Diesmal bewegt sich die Spinne auf einen Faden senkrecht

4.2 Körper und System bewegen sich senkrecht zueinander

zur Fahrrichtung des Zuges.
Für den Passagier bewegt sie sich vertikal mit dem Geschwindigkeitsbetrag $v_{s.v}$.
Ganz anders verhält es sich für einen auf dem Bahnsteig stehenden Beobachter. Für ihn bewegt sich die Spinne weder horizontal, noch vertikal, sondern diagonal, weil die Spinne einmal vertikal auf dem Faden läuft und gleichzeitig wird sie mit dem Zug weiter horizontal auf die Reise getragen.
Die zwei Geschwindigkeiten werden dem Lehrsatz der Pythagoras entsprechend addiert. Das Additionsprinzip wird korrekt angewendet.

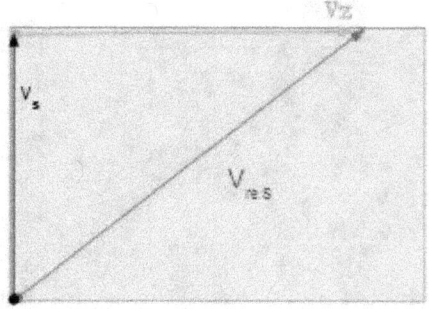

Abbildung 4.2: Addition zweier Geschwindigkeiten: Der Spinne und des Zuges

4 Das Verhalten eines Körpers im bewegten System

$$V_{re.S}^2 = V_s^2 + V_z^2 \tag{4.1}$$

$$V_{re.S} = \sqrt{V_s^2 + V_z^2} \tag{4.2}$$

Ganz offensichtlich ist $V_{re.S} > V_s$ also die Spinne bewegt sich schneller für den stationären Beobachter als für den Passagier.

Das gleiche wird festgestellt im Fall der Gewehrkugel, wenn sie senkrecht zur Fahrtrichtung des Raumschiffes abgeschossen wird.

5 Schnell bewegte Körper-Lorentz Kontraktion

Längst bevor A. Einstein seine SRT präsentiert hatte, schlug der niederländische Physiker Hendrik A. Lorentz die Hypothese vor, dass sich materielle Objekte in ihrer Bewegungsrichtung um den Faktor $\sqrt{1-\frac{v^2}{c^2}}$ verkürzen. Das wurde gemacht um die Äthertheorie[1] zu retten. Lorentz´s Vorschlag war zwar recht willkürlich, doch hatte dieser einige physikalische Annahmen. So stellte sich Lorentz vor, dass, aufgrund des Äther Widerstandes, bewegte Körper in Längsrichtung zusammengestaucht werden. Von Zeitdilatation war damals noch keine Rede.

Erst später wurde die nicht herleitbare Formel willkürlich als Hilfsmittel für den Bewies der Zeitdilatation angewendet (siehe 6.2.1). Die Lorentzkontraktion ist experimentell noch nie bestätigt worden, da auf Grund gleichzeitiger Schrumpfung der Messgeräte, ist es physikalisch unmöglich.

---

[1] siehe Michelson- Morley Experiment

6 Das Verhalten des Lichts im bewegten System - offizielle Begründung der Zeitdilatation

6.1 Wie bewegt sich das Licht? - Aktuell geltender Wissensstand

Zu Beginn ein Zitat eines renommierten Physikers[1] [5, S. 59]:
Die Geschwindigkeit [2] von Photonen ist immer gleich - unabhängig von der Bewegung ihrer Quelle oder der des Beobachters.
Der folgende Text stellt den offiziellen, wissenschaftlichen Standpunkt zu diesem Thema dar.
Beschrieben wird die Ausbreitung des Lichts aus der Sicht eines stationären Beobachters (Erdbewohner) und der eines bewegten Beobachters (Astronaut). Diese Unterscheidung, die zwei verschiedenen Standpunkte, sind sehr wichtig, da auf ihr das Relativitätsprinzip beruht.

---

[1] Profesor Nicholaus Woodhouse, University of Oxford Mathematical Institute, Oxford, Great Britain

[2] Die physikalische Größe Geschwindigkeit ist ein Vektor, der zwei Attribute beinhaltet: Betrag und Richtung. Wenn nur einer der beiden Attribute geändert wird, ändert sich auch zwangsweise die Geschwindigkeit.

6 Das Verhalten des Lichts im bewegten System - offizielle Begründung der

6.2 Licht und System bewegen sich parallel zueinander

Wenn von einem Raumschiff ein Lichtstrahl bzw. ein Photon parallel zur Flugrichtung des Raumschiffes gesendet wird, dann bleibt die Lichtgeschwindigkeit[3] , sowohl für den stationären als auch für den bewegten Beobachter (Astronaut) unverändert.

Für die beiden Beobachter bewegt sich das Licht horizontal mit dem gleichen Geschwindigkeitsbetrag.

Der Astronaut beobachtet, dass das Licht sich von ihm mit der Entzündungsgeschwindigkeit $v = c$ entfernt. Also nach dem gleichen Prinzip wenn er eine Gewehrkugel mit der Abschussgeschwindigkeit $v = v_K$ betrachtet wäre (sieht 4.1). Hier wird das Additionsprinzip bzw, Subtrahtionsprinzip überhaupt nicht verwendet.

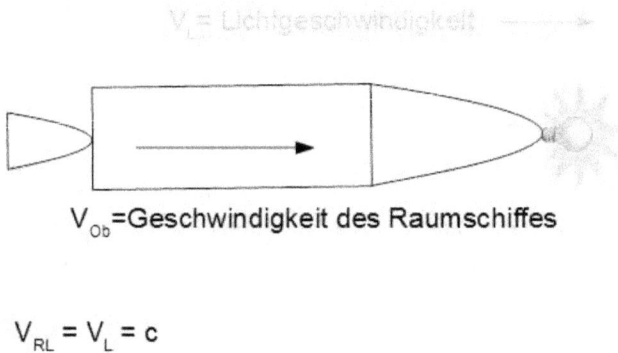

V_{Ob}=Geschwindigkeit des Raumschiffes

$V_{RL} = V_L = c$

Abbildung 6.1: Die resultierende Lichtgeschwindigkeit

---

[3] Betrag oder Richtung oder beides

6.2 Licht und System bewegen sich parallel zueinander

Für Erdbewohner bewegt sich das Raumschiff mit der Betragsgeschwindigkeit V_R und das Licht mit der Betragsgeschwindigkeit $V_L = c$. Die beiden Geschwindigkeiten werden nicht addiert.

$$v_{rl} \neq v_{ob} + v_l$$

sonder

$$v_{rl} = v_l$$

Das Additionsprinzip, wie es bei den Körpern der Fall war, (siehe 4.1) gilt nicht. Das wiederum bedeutet, dass das Licht mit dem Raumschiff nicht mitgeführt wird. Das Raumschiff nimmt den Strahl auf die Reise nicht mit.
So weit so gut, aber es wird das Gegenteil behauptet, wenn der Lichtstrahl nicht parallel, sondern senkrecht zur Fahrtrichtung des Raumschiffes gesendet wird. Dann nimmt das Raumschiff den Lichtstrahl auf die Reise mit (Siehe Abb. 6.3) und plötzlich gilt auch das Additionsprinzip. Einzelheiten im Abschnitt 6.3.

6.2.1 Bewegung des Lichts in der „liegenden„ Lichtuhr

Es ist erstaunlich, wie selten diese Konstellation des Lichtverlaufs in der Fachliteratur analysiert wird. Der Grund hierfür erscheint klar: in diesem Fall muss man die willkürlich erfundene Lorentzkontraktionformel anwenden. Ein Beispiel finden wir in [4, S. 23], in welchem der Autor die variable Zeit mit der unbegründeten Lorentz-Kontraktionformel zu beweisen versuchte. Jedoch gleichzeitig wird die Lorentz-Kontraktion mit Hilfe der unbewiesenen Zeitdilatation Begründet [4, S. 28]. Ein skurriler Zustand: zwei unbewiesene Aussagen beweisen sich gegenseitig!

6 Das Verhalten des Lichts im bewegten System - offizielle Begründung der

6.3 Licht und System bewegen sich senkrecht zueinander. Herleitung der Zeitdilatation

Diese Bewegungsart wird standardmäßig mit Hilfe einer Lichtuhr dargestellt.
Alle unten präsentierten Darstellungen sind im Grunde genommen gleich, sie beinhalten denselben Fehler - Den diagonalen Verlauf des Lichtpulses.

6.3.1 Bewegung des Lichts in der Lichtuhr. Fachliteraturdarstellung

Nach der allgemein anerkannten Art und Weise wird der Lichtimpulsverlauf in der Lichtuhr wie folgt dargestellt: Der Lichtimpulsab-

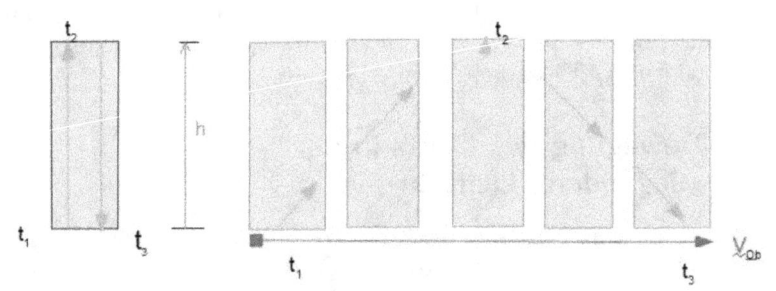

Lichtuhr, links ruhend, rechts bewegt

Abbildung 6.2: Ruhende und Bewegte Lichtuhr

lauf in der ruhenden Lichtuhr(links) ist unumstritten. Die Zeit für den Weg von unten nach oben beträgt $t = \frac{h}{c}$.
Das Verhalten des Lichts in der bewegten Uhr wird hingegen anders

6.3 Licht und System bewegen sich senkrecht zueinander. Herleitung der Zeitdilatation

beschrieben.

Das, was ein ruhender Beobachter sieht, wird so erklärt, wie es die Abbildung 6.2 zeigt.

Das Photon in dem rasenden Raumschiff bewegt sich zwischen den beiden Reflexionsspiegeln nicht mehr exakt vertikal, sondern diagonal und muss, demnach einen längeren Weg zurücklegen, um zu dem oberen Spiegel zu gelangen.

Das bedeutet, dass unser Photon mit dem Raumschiff gemeinsam in die horizontale Richtung fliegt und es muss auch zeitgleich, wie das Photon, in der stationären Lichtuhr des oberen Spiegels treffen.

Es ergibt sich aus dem Vorangegangenen also eine recht konfuse logische Schlussfolgerung - die Geschwindigkeiten die beiden Photonen sind gleich, die zurückgelegten Strecken hingegen nicht. Und trotzdem müssen sie gleichzeitig den oberen Spiegel treffen. Wie geht das?

Viele Möglichkeiten gibt es nicht. Die Lichtgeschwindigkeit ist und bleibt prinzipiell konstant, man muss also die "fliegende„ Zeit verlängern - ein Wahnsinn.

Um das zu begründen werden triviale Berechnungen nach dem allgemein bekanntem Lehrsatz des Pythagoras durchgeführt. Ich tue das sehr ungern, aber der Pflicht halber führe ich die Berechnung komplett durch.

6 Das Verhalten des Lichts im bewegten System - offizielle Begründung der

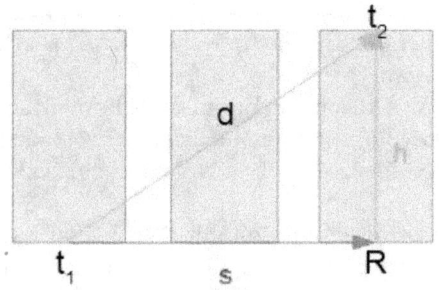

Abbildung 6.3: Bewegte Lichtuhr-Berechnung

$$t_1 t_2 = d = c * t_b \tag{6.1}$$
$$t_1 R = s = v * t_b \tag{6.2}$$
$$R t_2 = h = c * t_r \tag{6.3}$$
$$d^2 = s^2 + h^2 \tag{6.4}$$
$$(c * t_b)^2 = (v * t_b)^2 + (c * t_r)^2 \tag{6.5}$$
$$c^2 * t_b^2 - v^2 t_b^2 = c^2 * t_r^2 \tag{6.6}$$
$$c^2 * t_b^2 (1 - \frac{v^2}{c^2}) = c^2 * t_r^2 / : c^2 \tag{6.7}$$
$$t_b^2 = \frac{t_r^2}{1 - \frac{v^2}{c^2}} \tag{6.8}$$
$$t_b = \frac{t_r}{\sqrt{1 - (\frac{v}{c})^2}} \Rightarrow \quad t_b > t_r \tag{6.9}$$

Auf diese Weise wurden zwei Fliegen mit einer Klappe geschlagen:
Erstens: Es existieren unendlich viele Zeiten, je nachdem wie schnell sie sich bewegen.

6.3 Licht und System bewegen sich senkrecht zueinander. Herleitung der Zeitdilatation

Zweitens: Alle diese Zeiten sind größer als unsere, bis dahin bekannte „einzige Zeit".
Ein hoch unentwickelter Blödsinn.

6.3.2 Bewegung des Lichts in der Lichtuhr-Max-Planck-Institut Darstellung

Der Lichtpuls in der Lichtuhr wird von dem oberen Spiegel nach unten gesendet, wodurch sich das Prinzip allerdings nicht ändert. In der bewegten Lichtuhr strahlt der Lichtpuls, wie gewohnt, diagonal. Hier fehlen auch die algebraischen Berechnungen, was eigentlich nicht weiter schlimm ist, da diese ohnehin fehlerhaft angewendet sind.
Die Begründung des diagonalen Verlaufs des Lichtpulses wird als banale Selbstverständlichkeit erwähnt:
„Das Licht (in der bewegten Lichtuhr) strahlt daher *zwangsweise* im Zickzack'"
Warum? Wieso? Es wurde kein Wort der Begründung geliefert, sondern einfach autoritativ ausgedrückt: „im Zickzack'"
An dieser Stelle kann man ruhigen Gewissens das schlichte Gemüt bewundern, das diesen Gedanken zum Ausdruck gebracht hat.
Zum Schluss zitiere ich noch den entsprechenden Abschnitt.

„Anders bei der bewegten Lichtuhr. Deren Spiegel bewegen sich, von meiner Raumstation aus beurteilt, mit konstanter Geschwindigkeit nach rechts. Licht, das vom oberen Spiegel zum unteren und zurück zum oberen Spiegel läuft, bewegt sich daher zwangsweise im Zickzack - vom ursprünglichen Ort des oberen Spiegels bis zu jenem etwas weiter rechts gelegenen Ort, zu dem sich der untere Spiegel bis zur Ankunft des Lichts hinbewegt hat, und weiter bis zu jenem Ort noch weiter rechts, den der obere Spiegel erreicht hat, wenn das Licht endlich wieder oben eintrifft. Der Lichtweg ist demnach wie in der folgenden Abbildung dargestellt, in die auch drei Schnappschüsse der bewegten Lichtuhr eingeblendet sind:
Solch ein Zickzackweg ist deutlich länger als doppelte, senkrechte Spiegelabstand - schließlich kommt zum Abstand in senkrech-

6 Das Verhalten des Lichts im bewegten System - offizielle Begründung der

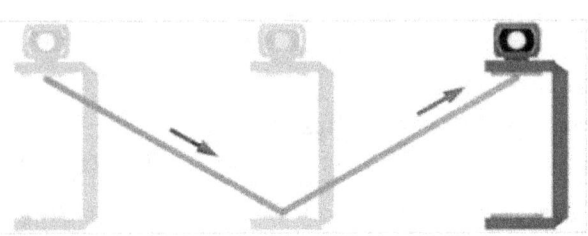

Abbildung 6.4: Bewegte Lichtuhr

ter Richtung noch ein waagerechter Abstand hinzu, den das Licht überwinden muss. In unserem Beispiel, in dem die bewegte Uhr mit 86,7 Prozent der Lichtgeschwindigkeit dahineilt, ist der Zickzackweg exakt doppelt so lang wie das senkrechte Auf-und-Ab.

Wenn aber der Abstand, den das Licht bei seinem Rundweg in der bewegten Lichtuhr zurücklegt, von meiner Raumstation aus beurteilt größer als 300.000 Kilometer ist - größer als zweimal der senkrechte Abstand -, dann ist auch die Zeit, die das Licht für den Rundweg benötigt, länger als eine Sekunde. Eine "'Sekunde", gemessen mit der bewegten Lichtuhr, ist damit länger als eine Sekunde, gemessen auf meiner eigenen, relativ zu mir in Ruhe befindlichen Lichtuhr - in dem oben illustrierten Beispiel dauert sie doppelt so lang. Dementsprechend geht die bewegte Lichtuhr von meiner Warte aus nur halb so schnell wie die Lichtuhr in meiner eigenen Raumstation. Wie schon gesagt: Alle Uhren, die relativ zu der bewegten Raumstation ruhen, schlagen im gleichen Takt wie die bewegte Lichtuhr. Alle Uhren, die in meiner eigenen Raumstation ruhen, schlagen im gleichen Takt wie meine eigene Lichtuhr. Die Betrachtung der Lichtuhr ist daher lediglich ein Beispiel für einen viel allgemeineren Umstand, nämlich die Zeitdilatation der Speziellen Relativitätstheorie: Von meiner Raumstation aus beurteilt laufen alle Uhren der relativ

6.3 Licht und System bewegen sich senkrecht zueinander. Herleitung der Zeitdilatation

zu mir bewegten Raumstation langsamer als meine eigenen Uhren. Ebenso wie die bewegten Uhren langsamer gehen, laufen auch alle Vorgänge auf der anderen Raumstation für mich langsamer ab - Fünf-Minuten-Eier kochen länger und haben am Ende doch die richtige Konsistenz, und der Pianist an Bord der anderen Station, der den Minutenwalzer spielt, benötigt dafür deutlich mehr Zeit, als es der üblichen Aufführungspraxis entspricht.'"
  hier nur noch der Link:
http://www.einstein-online.info/vertiefung/LichtuhrZeitdilatation/?set_language=de

6.3.3 Wikipedia Darstellung

Auf Wikipedia finden wir auch einen umfangreichen Artikel zu diesem Thema und auch hier läuft die bewegte Zeit langsamer als die uns vertraute tägliche Zeit.
Einzelheiten siehe Wikipedia „Zeitdilatation "

7 Keine und scheinbare Beweise

7.1 Die Zeitdilatation

Ein typischer Scheinbeweis, der variable Zeit bestätigen sollte, ist „Die Lebensdauer von Myonen„
Myonen sind äußerst kurzlebige Teilchen, die aus der kosmischen Strahlung entstehen. Befürworter der Relativitätstheorie folgern aus ihrer, theoretisch zu langen Lebenszeit, dass bei ihnen die Zeitdilatation zutrifft. Doch gibt es viel einfachere Erklärungen [2, S. 47], die leider sehr selten erwähnt wurden.
Im übrigen kommen die beliebtesten Beweise, die die Zeitdilatation bestätigen wollen aus der Welt der Elementarteichen.
Die meisten Leser wissen schon, was ein Elektron, Proton oder Neutron ist. Allerdings muss man tief ins Detail gehen, um die Beweise sachlich zu beurteilen und sich mit den komplexen Strukturierungen und Begriffen vertraut zu machen. Viele haben dafür keine Zeit oder Lust tief in der Welt der Leptonen, Bosonen, Hadronen etc. einzutauchen und akzeptieren stillschweigend die Beweise der „Relativisten". Jedoch sind die Beweise eine von vielen Intepretationsmöglichkeiten und nur diese werden massenhaft publiziert. Andere Erklärungsmöglichkeiten die das Gegenteil beweisen, werden hingegen sehr selten präsentiert. Eine ausführliche Erwähnung jener, findet mit einigen Ausnahmen(http://www.mahag.com/srt/teil.php), die im Internet zu finden sind, kaum statt.

7 Keine und scheinbare Beweise

7.2 Die konstante Lichtgeschwingigkeit

Wie die konstante Lichtgeschwindigkeit unterschiedlich und teilweise widersprüchlich formuliert wird, zeigen die Aussagen zweier Professoren.
Zu Beginn ein Zitat des renommierten Physikers[1] [5, S. 59]:
Die Geschwindigkeit [2] *von Photonen ist immer gleich - unabhängig von der Bewegung ihrer Quelle oder der des Beobachters.*
Die Behauptung- „unabhängig von der Bewegung ihrer Quelle„ - bedeutet, dass sich die Quelle entweder beschleunigt oder gleichförmig bewegen kann.
Hingegen finden wir in der Aussage Professors U.E.Schröder[3] lediglich „gleichförmige„ Systeme mit Bemerkungen „ ...bei Zulassung beschleunigter Systeme verliert die Lichtgeschwindigkeit ihren absoluten Charakter.„ [3, S. 5] - aber leider wird nicht erwähnt warum.
Sucht man in der Literatur nach experimentellen Beweisen, die die konstante Lichtgeschwindigkeit bestätigen sollten, so findet man kaum etwas oder nur Scheinbeweise.
Der bekannteste zitierte Beweis ist das über 100 Jahre alte Michelson-Morley Experiment. Allein die Tatsache, dass im 21 Jahrhundert, als die Experimentalphysik enorme Fortschritte machte, immer noch auf das uralte, umstrittenen Experiment sich hierbei berufen wurde, weckt große Verzweiflung.Viele Wissenschaftler sind folgender Meinung: Das Michelson-Morley Experiment eignet sich heutzutage nicht als Verifikationskonstrukt, das die Existenz von Äther bestätigen oder widerlegen sollte, sondern messen diesem lediglich eine historischen Bedeutung zu.
Es gibt sogar schärfere Formulierungen: „Die spezielle Relativitätstheorie

---

[1] Profesor Nicholaus Woodhouse, University of Oxford Mathematical Institute, Oxford, Great Britain

[2] Die physikalische Größe Geschwindigkeit ist ein Vektor, der zwei Attribute inne hat: Betrag und Richtung. Wenn nur einer der Beiden geändert wird, ändert sich auch zwangsweise die Geschwindigkeit.

[3] Dr. phil. nat. Ulrich E. Schröder Privatdozent und Akademischer Direktor i. R. am Institut für Theoretische Physik der Johann Wolfgang Goethe-Universität Frankfurt am Main

7.2 Die konstante Lichtgeschwingigkeit

wurde schon bewiesen (Michelson-Morley Experiment - 1887 Jahr) bevor sie entstanden (1905 Jahr) war. „

8 Warum existiert die Zeitdilatation nicht

Diese Frage führt zu weitgehenden Konsequenzen. Wenn die Lichtuhr nicht funktioniert, ist dann auch die Relativitätstheorie falsch? In den folgenden Zeilen werden drei verschiedene Begründungen formuliert, die zueinander in keinem festen Verhältnis stehen .
Allein genügt eine beliebige Begründung, um die Funktion der Lichtuhr in Frage zu stellen.
Die ersten zwei Begründungen sind a priori Argumente und man braucht sogar keinerlei Physikkenntnisse, um die Funktionsweise der Lichtuhr anzuzweifeln.

8.1 Das biologische Argument

Abgesehen von physikalischen oder mathematischen Erklärungen, kann man die Behauptung von „langsamer" Zeit in dem Raumschiff durch einfache Überlegung widerlegen.
Nach der geltenden Darstellung zweier Zwillinge, wobei der eine stationär verblieb, während der andere fortbewegend in einem Raumschiff sich befand, läuft die Zeit für den reisenden langsamer. Und das ist noch nicht alles, er wird sogar mit der Zeit jünger.
Begründung – der stationäre Zwilling sieht den Lichtimpuls in dem vorbeirauschenden Raumschiff auf einer diagonalen Linie (was übrigens der Grundfehler dieser Darstellung ist – aber darüber später mehr), dadurch läuft dort die Zeit langsamer. Angenommen das stimmt. Jedoch diesen Eindruck hat nun der „stationäre" Zwilling und nur er wird auch eventuell mit der Zeit verbunden. Ganz anders läuft

8 Warum existiert die Zeitdilatation nicht

die Zeit für den reisenden Zwilling, für ihn bewegt sich der Lichtstrahl nach wie vor Vertikal (Eigenzeit) also ganz normal und nur die Zeit wirkt auf seinen biologischen Körper. Das, was der „stationäre" Zwilling sieht, hat auf das Altern seines reisenden Bruders keinen Einfluss!

8.2 Das Konsequenzlosigkeit Argument

Diese Konsequenzlosigkeit kommt zustande indem man ein und dasselbe Ereignis widersprüchlich erklärt.
Einmal, wenn ein Lichtstrahl im Raumschiff parallel zur Flugrichtung emittiert wird, nimmt das Raumschiff den Strahl nicht mit. Die Lichtgeschwindigkeit ist von Anfang an konstant und wird nicht zur Raumschiffsgeschwindigkeit addiert. (sehe Abschnitt 8.3 und Abbild 6.1). Zum anderen, wenn der Lichtstrahl im Raumschiff (Lichtuhr) senkrecht zur Fahrtrichtung emittiert wird, nimmt das Raumschiff den Strahl auf der Reise mit! (Abbild 6.2 und 6.4). Im diesem Fall wird die Lichtgeschwindigkeit zur Raumschiffsgeschwindigkeit addiert. Gilt denn plötzlich das Additionsprinzip?
Die Addition wird mit Hilfe des Pythagoräischen Lehrsatzes durchgeführt. Einmal wird das Additionsprinzip angewendet einmal nicht. Allein der inkonsequente Gedankengang weist darauf hin, dass die fliegende Lichtuhr falsch tickt !.

8.3 Das physikalische Argument

Wie eben erwähnt, gilt das Additionsprinzip für Geschwindigkeiten eigentlich für alle bewegten Körper aber für das Licht nicht.
Nun versuchen wir zu ermitteln, was einen Lichtpuls(Photon) von z.B einer Gewehrkugel unterscheidet.

Die geometrische Größe ist nicht relevant, weil die Ereignisse im Vakuum verlaufen.

8.3 Das physikalische Argument

Die Masse ist zweifellos ein gravierender Unterschied.
Allerdings ist es nicht der einzige.

Die Existenz Die Gewehrkugel ist im Raumschiff schon vor dem Abschuss vorhanden. Diese hat bereits eine Anfangsgeschwindigkeit, und zwar die des Raumschiffs $v_{ak} = v_r$.
Das Photon dagegen existiert vor dem Emittieren, im Raumschiff nicht, hat dementsprechend keine Anfangsgeschwindigkeit, die, wie im Fall der Kugel vorhanden ist, welche man zu Raumschiffsgeschwindigkeit addieren kann.
Allein schon die Tatsache, dass vor dem Emittieren das Photon nicht existiert (also keine Anfangsgeschwindigkeit hat), reicht, um das "Nicht Vorhandensein des Additionsprinzips" für das Licht zu erklären. Das Photon hat keine Anfangsgeschwindigkeit, die man zu der Geschwindigkeit des Raumschiffes addieren kann.

Die Masse
Jedoch ist es die Masse, die den entschiedenen Unterschied zwischen einer Gewehrkugel und einem Photon ausmacht. Sie ist im Photon bekannterweise nicht vorhanden. Dank seiner Masse steht die Kugelmasse ständig in Wechselwirkung mit der Raumschiffsmasse und das Raumschiff nimmt die Kugel auf die Reise mit. Ein Vorgang der aus der Mechanik bestens bekannt ist.
Anders sieht es beim Photon aus. Ein Photon besitzt keine Masse, hat also keinen Kontakt mit der Masse des Raumschiffes, es schwebt im eigenen "Leben„, unabhängig von irgendwelchen massenhaften Gegenständen.
Egal, ob Jemand diese Begründung akzeptiert oder nicht, unbestritten ist: Wenn ein Lichtstrahl von einer Taschenlampe aus, z.B in ein fliegendes Raumschiff in Flugrichtung gesandt wird, dann bleibt die Geschwindigkeit[1] des Lichtes genau so groß, als ob es von einem stationärem Objekt gestrahlt würde.
Die Tatsache, dass das Raumschiff sich bewegt, hat keinen Einfluss

---
[1] Betrag und Richtung

8 Warum existiert die Zeitdilatation nicht

auf die Geschwindigkeit des Lichts. Der Lichtpuls fliegt mit dem Raumschiff nicht.
Trotzdem wird im Fall der bewegten Lichtuhr das Additionsprinzip für den Lichtpuls angewendet!

Der eigentlicher Fehler der Zeitdilatation liegt darin, dass der Lichtimpuls (Photon) in der bewegten Lichtuhr aus der Sicht des ruhenden Beobachters so beschrieben wird(diagonalen Verlauf), als ob der Lichtpuls (Photon) ein ganz normaler Körper wäre und dementsprechend, wie das bei Körpern üblich ist, das Additionsprinz angewendet wurde. Das bedeutet der Lichtpuls (Photon)wird diesmal von dem Raumschiff mitgeführt. Und das ist nicht nur physikalisch unmöglich, sondern steht im Widerspruch zur eigener Aussage, wenn der Lichtpuls parallel zur Raumschiffbewegung gesendet wird (siehe Abb. 6.1)

8.4 Was passiert mit dem Licht in der bewegten Lichtuhr wirklich?

Die Lichtuhr wird eingeschaltet indem man den Lichtpuls an dem unteren Spiegel, mit Hilfe eines Zünders in Richtung des oberen Spiegels entzündet. Die Bewegungsrichtung des Lichtpulses verläuft rechtwinklig zur Flugrichtung der Lichtuhr und behält diese auch bei.

Der Lichtpuls hat nun nur eine eigene Geschwindigkeit, den Betrag: $v = c$ und die Richtung senkrecht zum Flugverlauf des Raumschiffes(Lichtuhr). Trotzdem hat dieser keine Anfangsgeschwindigkeit, wie es das im Falle eines Projektils war. Man kann also keine neue resultierende Geschwindigkeit bilden. Die Geschwindigkeit unseres Lichtpulses ist und bleibt, was die Richtung anbelangt, unverändert, und bildet somit eine für uns besonders wichtige Tatsache.

Während seine Bewegung von den unteren Spiegeln Richtung den oberen Spiegel wird der Lichtpuls von seinen vertikalen Weg nicht

8.4 Was passiert mit dem Licht in der bewegten Lichtuhr wirklich?

in eine diagonale Richtung abgelenkt, wie das in der Fall des Projektils war, sondern bewegt sich weiter Vertikal.
Nur in folge eines Stoßes mit einem materiellen Körper ändert sich seine Richtung. Irgendwelche Kontaktlose Wirkungen, Einflüsse kommen nicht zu Stande.
Weitere Argumentation:
Weil der Lichtpuls (Photon) keine Masse hat, besteht keine Wechselwirkung mit den Massen der im Raumschiff sich befindenden Lichtuhr. Die bewegten Objekte nehmen den Lichtpuls auf die Fahrt nicht mit.
Der Lichtpuls wird in der bewegten Lichtuhr zwar entzündet, aber er entsteht nicht darin, sondern in dem freien, absoluten Raum.
Folgendes ist hierbei besonders zu betonen: Der Lichtpuls entsteht nicht in dem Raumschiff, beziehungsweise in der Lichtuhr, sondern entsteht, unabhängig im absoluten Raum und „lebt„ seinen, eigenes, unverändertes „Leben„, sein Attribut Betrag und Richtung bleiben konstant.
Keine stationären, bewegten, gleichförmigen oder beschleunigten Objekte haben Einfluss auf seine Geschwindigkeit, solange er mit einem Gegenstand kollidiert.
Und genau das passiert in der Lichtuhr. Das Photon bewegt sich so lange vertikal, bis es die Wand, der horizontal bewegte Lichtuhr, berührt.

8 Warum existiert die Zeitdilatation nicht

Abbildung 8.1: Der Lichtweg im fliegenden Raumschiff gesehen von einem stationären Beobachter

Danach wird die Bewegung des Photons chaotisch verlaufen, was nichts anderes bedeutet als: Die Lichtuhr funktioniert von Anfang an, nicht!
Und das wiederum heißt: **die Zeit läuft sowohl im stationären, als auch im bewegten Objekten gleich schnell. Es gibt keine Zeitdilatation** .
Diese lapidare Feststellung hat jedoch einen enormen Einfluss auf die Spezielle Relativitätstheorie - plötzlich gibt es keine Zeitdilatation, was logischerweise zur Konsequenz hat, dass es keine Längenkontraktion und keinen Massenzuwachs bei schnell bewegten Objekten gibt.

9 Zeitdilatation und Längendilatation

Von der falschen Formel der Zeitdilatation (siehe Gleichung: 6.9) kann man die Längenkontraktion Formel nicht herleiten, sonder die Längendilatation „beweisen„: Hier noch eine kleine „Formel„ Spielerei:
Angenommen die Zeitdilatationsformel - (6.9):

$$t_b = \frac{t_r}{\sqrt{1-(\frac{v}{c})^2}}$$

ist korrekt.
Wobei t_b - bewegte Zeit t_r - ruhende Zeit und $t_b > t_r$
Nun wird die Gleichung mit v multipliziert .

$$t_b = \frac{t_r}{\sqrt{1-(\frac{v}{c})^2}} / *v \qquad (9.1)$$

$$v*t_b = \frac{v*t_r}{\sqrt{1-(\frac{v}{c})^2}} \qquad (9.2)$$

Der Term $v*t_b$ bzw. $v*t_r$ ist ein Weg also eine Strecke mit der Länge l_b und l_r.

$$l_b = \frac{l_r}{\sqrt{1-(\frac{v}{c})^2}}$$

Es ist ganz offensichtlich, dass die bewegte Strecke länger als die ruhende ist,

$$l_b > l_r$$

9 Zeitdilatation und Längendilatation

was nichts anderes zu bedeuten hat als: wir haben es nicht mit der Längenkontraktion, sondern mit der Längendilatation zu tun.

Die Lichtuhr kann überhaupt in den ganzen Universum nicht existieren, weil es in demselben keinen einzigen stationären Punkt gibt.

10 Die konstante Zeit und relative Lichtgeschwindigkeit

Im Bezug auf meine persönliche Meinung, muss ich an dieser Stelle folgendes erläutern: Die konstante Zeit und die variable Lichtgeschwindigkeit, wird bestimmt von den Meisten als Ketzerei empfunden. Doch ich habe und hatte stets den Anspruch, meine diesbezügliche Stellungnahme und Meinung zu begründen.

10.1 Die absolute Zeit

Warum es keine veränderliche Zeit gibt, wurde schon in vorgegangen Abschnitten begründet. Als Ergänzung möchte ich noch die Meinungen unserer großen Denker: Immanuel Kant oder Karl Popper zitieren:
Kant ist der Ansicht: „Zeit ist unser inneres Sinnesorgan„
und Karl Popper [1] äußerst sich gleichzeitig, was im Hinblick der SRT besonders wichtig ist, über Raum und Zeit: „Das sind abstrakte Begriffe„
Die beiden Begriffe Zeit und Raum waren, sind und bleiben absolut unabhängig von gekrümmten Mäandern moderner Physik.

10 Die konstante Zeit und relative Lichtgeschwindigkeit

10.2 Die relative Lichtgeschwindigkeit

Bestimmen wir nun die beiden Regeln, nach denen der ruhende und der bewegte Beobachter die Bewegung von Körper und Licht wahrnehmen. Als Vergleichsbasis nehmen wir den folgenden Fall: Körper (Gewehrkugel) und Licht bewegen sich parallel zum System (Raumschiff).

1. Bewegte Körper (siehe auch 4.1)

Eine Gewehrkugel wird parallel zur Flugrichtung eines Raumschiffes abgeschossen.

Der stationäre Erdbewohner sieht das rasende Raumschiff mit der Geschwindigkeit v_r und das Projektil mit der resultierende Geschwindigkeit $v_{r,k} = v_r + v_k$. Er addiert diese beiden Geschwindigkeiten.

Der bewegte Astronaut hingegen stellt fest, dass sich das Projektil mit der Abschussgeschwindigkeit entfernt v_k. Er führt keine Additionsrechnung durch.

Es ist jetzt sehr wichtig zu unterstreichen: Die beiden Beobachter verwenden zwei verschiedene Regeln, um die Geschwindigkeit eines Objekts (Projektil) zu bestimmen.

Nach dem gleichen Prinzip muss auch der Beobachtungsprozess im Fall des Lichts, stattfinden.

2. Das Licht (siehe auch 6.2)

Ein Lichtstrahl (Photon) wird parallel zur Flugrichtung eines Raumschiffes gesendet.

Wie schon mehrmals erwähnt wurde, ist die Lichtgeschwindigkeit von der der Geschwindigkeit ihrer Quelle, unabhängig. Für den Erdbewohner breitet sich der Lichtstrahl mit der konstanten Geschwindigkeit

$$v_l = c$$

aus.

Er führt keine Additionsrechnung durch.

Nach dem gleichen Prinzip „ Die Bestimmungsregel der Geschwindigkeiten sind für die beiden Beobachter unterschiedlich „ - muss der Astronaut eine Additionsrechnung bzw. eine Subtraktionsrechnung

10.2 Die relative Lichtgeschwindigkeit

durchführen! Und in der Tat ist es so, dass das Licht sich von dem Raumschiff mit der resultierenden Geschwindigkeit ausbreitet:

$$v_{re} = c - v_{ra}$$

Hätte der Astronaut, nach dem aktuellen Wissen, die Lichtgeschwindigkeit $v = c$ wahrgenommen, dann verwendete er die gleiche Regel, wie er es bereits bei dem Körper getan hat (siehe Pkt. 1). Allerdings verhalten sich Licht und Körper in bewegten Objekten diametral anders (Licht, im Gegenteil zum Körper, hat keine Anfangsgeschwindigkeit)und dementsprechend entfernt sich das Licht für den Astronauten mit der Geschwindigkeit

$$v_{re} = c - v_{ra}.$$

Zum Ende hin die selbe Argumentation anders formuliert:
Wenn der Astronaut, laut gültigem Wissensstand, die Lichtgeschwindigkeit als "C" bestimmen könnte, dann müsste das Licht vor der Emission, ähnlich wie im Fall eines Körpers, schon im Raumschiff vorhanden sein und mit das Raumschiff mitgeführt werden. Allerdings ist das aus zwei Gründen unmöglich:

1. Das Licht besitzt keine Masse, weswegen keine Wechselwirkungen mit dem massiven Raumschiff möglich sind. Dementsprechend kann das Licht nicht mitgeführt werden.

2. Bevor der Vorgang der Emission im Raumschiff stattfindet, existiert dort das Licht überhaupt nicht, woraus folgt, dass dieses auch nicht mitgeführt werden kann.

Die Eigenschaften der Lichtgeschwindigkeit lassen sich anhand zweier Punkte charakterisieren:

a) Die Lichtgeschwindigkeit im Vakuum[1] ist überhaupt von allen möglichen Bezugssystemen unabhängig. Das Licht entsteht im

---
[1] Vakuum(von lateinisch vacuus, leer; plural Vakua) ist in der Physik die Abwe-

10 Die konstante Zeit und relative Lichtgeschwindigkeit

freien, absoluten Raum und bekommt die Geschwindigkeit in stantu nascendi [2]. Es wird von keinem Bezugssystem beeinflusst bis es zur einer Kollision mit einem festen Körper kommt. Allerdings ist in diesem Fall das o.e. Phänomen des Vakuumaspektes auszuklammern.
b) - Die relative Lichtgeschwindigkeit ist vom Bewegungszustand des Beobachters abhängig.
Um das zu beweisen kehren wir zum Kapitel 6.2 zurück. Mit einer simplen Überlegung kann man dieses begründen.
Angenommen ich bewege mich horizontal im einen Raumschiff mit dem Geschwindigkeitsbetrag z.B $c/3$ und hinter mir wird einen Lichtpuls in meine Richtung gesendet. Folglich kommt der Lichtpuls auf mich zu mit der Geschwindigkeit $c - \frac{c}{3} = \frac{2}{3}c$.

Dieser Gedankenablauf ist natürlich nicht neu. Albert Einstein in seinen autobiographischen Aufzeichnungen beschreibt das so:
Wenn ich einem Lichtstrahl mit der Lichtgeschwindigkeit folge, dann sollte ich solch einen Strahl als ein räumlich schwingendes elektromagnetisches Feld wahrnehmen, das sich in Ruhe befindet. Aber so etwas schien es nicht zu geben(...). Denn wie könnte sonst der erste Beobachter feststellen, dass er sich im Zustand einer schnellen, gleichförmigen Bewegung befindet.
Ein Beobachter jedoch, kann überhaupt nicht feststellen, ob er sich im Zustand der Ruhe oder der gleichförmigen Bewegung befindet. Das ist spätestens seit Galilei´s Relativitätsprinzip bekannt und demzufolge ist das Einsteinsche Argument nicht relevant.

Fazit
Wie bereits erwähnt, ist die Bewegung des Lichts im Vakuum unabhängig von allen möglichen Bezugssystemen oder genauer: **Licht bewegt sich in keinem Bezugssystem, sondern im freien, absolutem Raum (im Vakuum).**
Dem gegenüber ist der relative Lichtgeschwindigkeitsbetrag abhängig

---

senheit von Materie. Zur Erzeugung eines Vakuums ist insbesondere wichtig, Gas aus dem Volumen zu entfernen.
[2]im Zustand des Entstehens

10.2 Die relative Lichtgeschwindigkeit

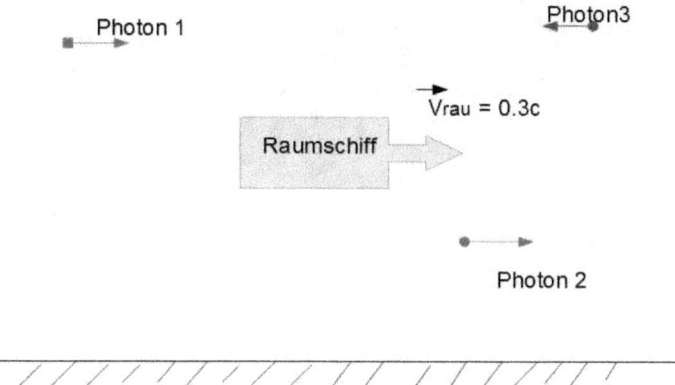

Für den Astronauten im Raumschiff nähert sich das
Photon1 mit der Relativgeschwindigkeit Vr = c - 0.3c = 0.7c
Das Photon 2 entfernt sich von diesem mit der
Relativgeschwindigkeit Vr = c - 0.3c = 0.7c.
Das Photon 3 nähert sich mit der Relativgeschwindigkeit
Vr = c + 0.3c = 1.3c

Abbildung 10.1: Die relative Lichtgechwindigkeit

10 Die konstante Zeit und relative Lichtgeschwindigkeit

vom Bewegungszustand des Beobachters und kann maximal den Wert $V_{L.r} = 2c$ erreichen.
Die Zeichnung 10.1 illustriert diesen Vorgang.
Die Zeit bleibt hierbei absolut konstant und die Lichtgeschwindigkeit hängt von dem Bewegungszustand des Beobachters ab.

10.2 Die relative Lichtgeschwindigkeit

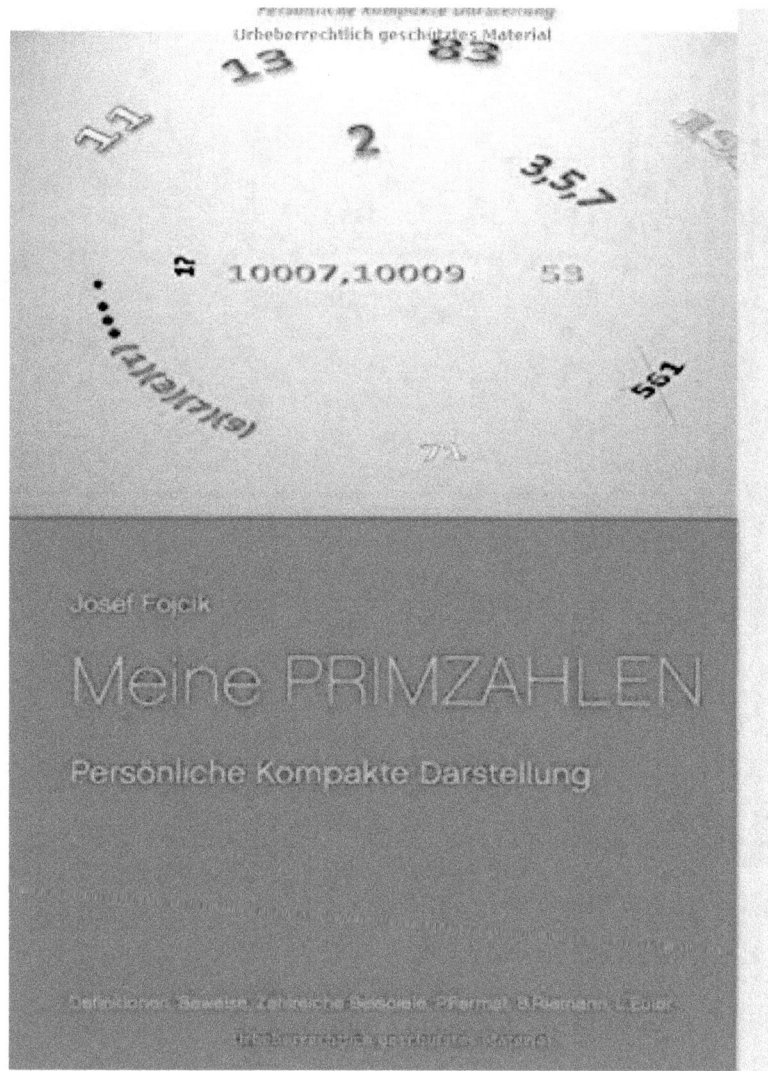

Abbildung 10.2: Im Buchhandel und online erhältlich

Literaturverzeichnis

[1] Karl Popper. *The World of Parmennides*. Posthum 1998, 1998.

[2] Peter Ripota. *Mythen der Wissenschaft*. Brunnen-Verlag, Muenchen, 2002.

[3] U.E. Schroeder. *Spezielle Relativitaetstheorie*. Verlag Harri Deutsch, 2005.

[4] J.Rafelski W.Greiner. *Spezielle Relativitaetstheorie*. Number 55. Verlag Harri Deutsch, mai 1992. 3.

[5] Nicholas Woodhouse. *Spezielle Relativitaetstheorie*. Springer-Verlag GmbH Berlin, 2016.

Herstellung und Verlag:
BoD - Books on Demand, Norderstedt
ISBN 978-3-8448-1376-0

www.ingramcontent.com/pod-product-compliance
Lightning Source LLC
Chambersburg PA
CBHW050025230526
45470CB00003B/1132